Die Errichtung eines Kolonial- und Konsular-Gerichtshofes

Kritische Erörterungen

von

Dr. iur. Kurt Perels
Professor des öffentlichen Rechts

„Ohne Sicherstellung einer unabhängigen Rechtspflege keine gedeihliche wirtschaftliche Entwicklung unserer Kolonien."
Staatssekretär v. Lindequist.

Hamburg
L. Friederichsen & Co.
(Dr. L. u. R. Friederichsen)
1910

Druck von J. J. Augustin in Glückstadt.

Vorbemerkung.

Die Errichtung eines Kolonial- und Konsulargerichtshofes bedeutet einen Markstein in der Entwicklung deutscher Kolonial- und Konsularrechtsordnung.

Von der endlichen Gestaltung des unter dem 21. April d. J. dem Reichstage vorgelegten Gesetzentwurfs wird es wesentlich abhängen, ob die deutsch-koloniale Justiz nicht bloß der Form, sondern auch der Sache nach diejenigen Garantien zu bieten vermag, welche ebenso sehr im nationalen Interesse Deutschlands wie im individuellen Interesse der Rechtsuchenden verlangt werden dürfen und müssen.

In dieser Hinsicht wird die Regierungsvorlage auch gemäßigten Forderungen nicht gerecht: Ihre Vorschläge über die Besetzung des Kolonial- und Konsulargerichtshofs sind unvereinbar mit dem Grundsatz der Unabhängigkeit der Gerichte. Die Wahl Berlins als Sitz des Kolonial- und Konsulargerichtshofes entspricht weder dem mutterländischen noch dem Interesse der Kolonien und der Konsulargerichtsbezirke. Die Vorschriften über die Zuständigkeit des Kolonial- und Konsulargerichtshofes verletzen die rechtsstaatliche Maxime, daß die Zuständigkeit der Gerichte grundsätzlich durch Gesetz zu bestimmen ist.

Diesen drei Hauptmängeln ist der folgende Versuch positiver Kritik vorzugsweise zugewandt.

Hamburg, im Oktober 1910.

Kurt Perels

Inhalt.

Einleitung.

1. Abschnitt. Verfassung.

des erkennenden Gerichts mit fünf Mitgliedern ist als ausreichend anzusehen. S. 16. Die Grundsätze über die Heranziehung der nicht i. e. S. richterlichen Mitglieder müssen gesetzlich bestimmt werden. S. 16. — VI. Die Vorschriften über Staatsanwaltschaft, Gerichtsschreiberei und Rechtsanwaltschaft. S. 17. — VII. Der Sitz des Gerichts. Mit der Ausschaltung der Verwaltungsbeamten aus der Gerichtsmitgliedschaft kommt zugleich der einzige für Berlin geltend gemachte Grund in Wegfall. S. 17. Daß Berlin „Reichshauptstadt" ist, ist schon im Hinblick auf den Sitz des Reichsgerichts belanglos. S. 17. Daß die obersten Kolonial- und Konsularverwaltungsbehörden ihren Sitz in Berlin haben, ist unerheblich, da eine materielle Beziehung dieser Behörden zu dem Geschäftskreise des Gerichts nicht besteht. S. 17. Unerheblich ist es auch, daß die Kolonialgesellschaften ihren Sitz zumeist in Berlin haben. S. 18. Als sachlich geeignetster Sitz des Gerichts ist Hamburg zu bezeichnen: 1) wegen der besonderen Vorbildung der dortigen Richter und Anwälte zur Erfassung und Beurteilung von Tatbeständen des überseeischen Rechtslebens. S. 18; 2) wegen der dort garantierten größeren Schleunigkeit und Sachgemäßheit der Verhandlungen. S. 19; 3) wegen der besonderen Erfahrung des dortigen Richtertums in wirtschaftlichen Angelegenheiten. S. 19; 4) wegen der dort vorhandenen großen Zahl technischer Sachverständiger für Fragen des überseeischen Wirtschaftslebens. S. 20; 5) wegen der im Hamburgischen Kolonialinstitut bereits erfolgten Zusammenfassung kolonialwissenschaftlicher Forschung sowie des Vorhandenseins der entsprechenden literarischen und verwandten Hülfsmittel. S. 20. Stellungnahme des „Ostasiatischen Lloyd". S. 20, des deutsch-südwestafrikanischen Landesrates S. 21, Fleischmann's S. 22. Köbner's S. 22.

2. Abschnitt. Zuständigkeit.

I. Übernahme der bisherigen reichsgerichtlichen Zuständigkeit in Konsulargerichtssachen. S. 23. — II. Bestimmung der gesamten materiellen Zuständigkeit in Kolonialgerichtssachen im Wege Kaiserlicher Verordnung. Die Rechtfertigung der „Begründung" ist irreführend S. 23, und nicht schlüssig S. 24. Die Grundlagen der Zuständigkeit können und müssen durch das Gesetz bestimmt werden. S. 24. Im einzelnen: kaiserliches Recht zur Regelung der Zulässigkeit der Berufung S. 25, der Revision S. 25. Schranken des kaiserlichen Bestimmungsrechtes in Zivilsachen, namentlich bezüglich der Revisionssumme, S. 26, in Strafsachen. S. 27. — III. Bestimmung des zuständigen Gerichts im Falle konkurrierender Zuständigkeit. S. 27. — IV. Die doppelte Funktion des Gerichts als Revisions- und Berufungsgericht. S. 27. — V. Möglichkeit der Fortdauer uneinheitlicher Rechtsprechung in der Höchstinstanz trotz Errichtung des neuen Gerichtshofs. Vorschlag zur Abhilfe. S. 28.

3. Abschnitt. Verfahren und Kosten.

I. Verfahren. Zweckmäßige Erweiterungen der Revisionszulässigkeit. S. 28. Unbegründete Statuierung eines Kaiserlichen Verordnungsrechts. S. 29.

Einleitung.

„In den letzten Jahren haben sich in den Schutzgebieten mit der zunehmenden wirtschaftlichen Erschließung, mit der gesteigerten Betätigung deutschen Kapitals sowie dem stärkeren Anwachsen der weißen Bevölkerung auch die Verhältnisse in der Rechtspflege wesentlich geändert. Es werden jetzt dort nicht selten Prozesse um ganz erhebliche Werte geführt, bei denen in erster Linie über Rechtsfragen .... Entscheidung zu treffen ist. Hierzu ist ein überwiegend mit Laien besetztes Gericht wenig geeignet." Namentlich haben sich in Südwestafrika infolge der Einwirkung der Diamantenfunde auf das wirtschaftliche Leben derartige Unzuträglichkeiten auf dem Gebiete des Rechtsschutzes ergeben, daß eine Reform der Gerichtsordnung nicht mehr aufschiebbar erscheint, zumal das bestehende Nebeneinander einer Mehrheit kolonialer Höchstgerichte zu einer Zersplitterung der Rechtsprechung geführt hat, welche der Klärung kolonialrechtlicher Zweifelsfragen hindernd im Wege steht.

So rechtfertigt die „Begründung" des „Entwurfs eines Gesetzes über die Errichtung eines Kolonial- und Konsulargerichtshofes" (Drucksachen des Reichstages, 12. Legislaturperiode, II. Session 1909/10 Nr. 400)[1]) dessen Einbringung. Und in der Tat läßt die neuere wirtschaftliche Entwicklung der Kolonien die Schaffung eines überwiegend mit rechtsgelehrten Richtern besetzten kolonialen Höchst-

---

[1]) Aus früherer Zeit sind besonders beachtenswert die Ausführungen von O. Köbner, Die Organisation der Rechtspflege in den Kolonien (Berlin 1903) S. 25f., aus neuerer Zeit die Darlegungen von J. Gerstmeyer „Einige praktische Fragen des Kolonialrechts und der Kolonialwirtschaft" in den Blättern für vergleichende Rechtswissenschaft und Volkswirtschaftslehre, 6. Jahrgang (1910), insbesondere S. 59f.

gerichts im Reichsgebiete ebenso sehr notwendig erscheinen wie das Verlangen nach Einheitlichkeit einer auf identische Rechtsnormen gegründeten Rechtsprechung.

Auch wird es allgemeiner Zustimmung gewiß sein, wenn das Reichsgericht von der Zuständigkeit als Berufungs- und Beschwerdeinstanz in Konsulargerichtssachen entlastet wird.

1. Abschnitt.

Verfassung.

I. Der neue Gerichtshof soll als die oberste Instanz in Kolonial- und Konsulargerichtsbarkeitssachen den Namen „Kolonial- und Konsulargerichtshof" erhalten (§ 1). Bei dieser Benennung vermißt man den bei sonstigen Zentral-Gerichtsbehörden Deutschlands gebräuchlichen Hinweis auf den Kaiser oder auf das Reich. Ein entsprechender Zusatz, also der Name „Kaiserlicher Kolonial- und Konsulargerichtshof" oder „Reichs-Kolonial- und Konsulargericht" dürfte sich empfehlen.

II. Der Entwurf schlägt nicht die vielfach erwartete förmliche Angliederung der neuen Instanz an ein bestehendes einzelstaatliches Gericht, sondern die Konstituierung eines formell selbständigen Gerichts vor. Die Begründung hierfür, „daß die Aufgaben dieses Gerichts eine besondere Vertrautheit seiner Mitglieder mit der kolonialen Rechtsordnung wünschenswert machen", ist zwar nicht schlüssig: denn die richterlichen Mitglieder, welche die Mehrheit bilden sollen, werden sich diese Vertrautheit doch erst erwerben müssen — und dies könnte nicht minder leicht geschehen, wenn das neue Gericht, etwa in Gestalt eines besonderen Senats, einem Oberlandesgericht angeschlossen würde. Indessen erscheint der Vorschlag selbst unbedenklich, zumal die, übrigens schätzungsweise durch die Einnahmen aus den Gerichtskosten auszugleichenden (Begründung zu § 21) Kosten eines selbständigen Gerichtshofes nicht oder doch nicht erheblich höher sein werden als die Aufwendungen für einen bei einem höchsten Landesgericht gebildeten

Senat. Denn auch dessen Mitglieder müßten Besoldungen beziehen, die, ebenso wie die übrigen Unkosten, nicht wesentlich niedriger gehalten werden könnten, als sie für das selbständige Gericht, dessen Präsident, Mitglieder und Staatsanwalt vorläufig sämtlich im Nebenamt wirken sollen, in Aussicht genommen sind (3000 Mark für den Präsidenten, je 1500 für die Mitglieder und den Staatsanwalt = insgesamt 18 000 Mark; 13 500 Mark sonstige Aufwendungen. Begründung zu § 21).

III. Den ernstesten Bedenken unterliegt dagegen der Plan, nach welchem der neue, aus einem Präsidenten und mindestens neun Mitgliedern bestehende (§ 2 Satz 2) Gerichtshof zusammengesetzt werden soll.

Wohl ist es selbstverständlich, daß zum Vorsitzenden und im engeren Sinne richterlichen Mitglied des Gerichtshofs nur ernannt werden kann, wer die Befähigung zum Richteramt in einem deutschen Einzelstaat erlangt hat (§ 4). Wohl ist es weiter angemessen, daß der zu Ernennende das fünfunddreißigste Lebensjahr vollendet haben muß (§ 4). Wohl entspricht die gleichfalls nach dem Vorgange des Gerichtsverfassungsgesetzes getroffene Vorschrift des § 3, nach welcher die Mitglieder des neuen Reichsgerichts auf Vorschlag des Bundesrates vom Kaiser ernannt werden sollen, dem politischen Charakter des Reichs.

Aber unvereinbar ist es mit den in harter Arbeit geschaffenen und ein Menschenalter hindurch immer mehr gefestigten Grundlagen deutscher Justizverfassung, daß einem Teil der Richter die Unabsetzbarkeit versagt sein soll.

Der Entwurf unterscheidet (§ 5) zwei Gruppen von Mitgliedern, deren Gesamtzahl mindestens zehn beträgt.

Die erste umfaßt diejenigen, welche nicht gleichzeitig ein anderes Amt im Reiche oder in einem Bundesstaate bekleiden; sie sollen auf Lebenszeit ernannt werden. Diese Gruppe kann als im Augenblick praktisch bedeutungslos hier außer Betracht bleiben, da — im Hinblick auf die zunächst zu erwartende geringe Geschäftslast (Begründung zu § 5) — „vorläufig die Stellen des Präsidenten und der Mitglieder im Nebenamte besetzt werden sollen“ (Begründung zu § 21).

Die zweite Gruppe umfaßt diejenigen Mitglieder, welche gleichzeitig ein sonstiges Reichs- oder Staatsamt innehaben. Sie werden auf die Dauer dieses Amts [Hauptamts] ernannt, unterliegen in ihrer Eigenschaft als Mitglieder des Kolonial- und Konsulargerichtshofs nicht den Vorschriften des Reichsbeamtengesetzes über die Disziplinarbestrafung und können „nur unter denselben Voraussetzungen wie bei den Mitgliedern des Reichsgerichts" vom Amt enthoben werden (§ 6).

Die Mehrzahl dieser Mitglieder nun muß im Hauptamt einem Oberlandesgericht oder „einem Gerichte höherer Ordnung"[1]) in richterlicher Stellung (Begründung zu § 5) angehören. Gegen die Mitwirkung dieser Kategorie von Mitgliedern ist nichts zu erinnern, da sie ihr Hauptamt, vom Falle des Verlustes infolge gerichtlicher oder disziplinargerichtlicher Bestrafung abgesehen, grundsätzlich auf Lebenszeit innehaben und es insbesondere nicht gegen ihren Willen durch Versetzung in ein anderes Amt oder durch „Stellung zur Disposition" verlieren können.

Ganz anders aber liegt es bei der Minderheit der Mitglieder, der insbesondere solche Beamte angehören sollen, „die durch ihre anderweitige dienstliche Tätigkeit in lebendiger Berührung mit den Rechtsverhältnissen in den Schutzgebieten oder in den Konsulargerichtsbezirken oder mit den internationalen Rechtsverhältnissen stehen". Dieser Satz der Begründung (zu § 5) weist deutlich auf die Mitglieder der Kolonialzentralbehörden, d. h. des Reichskolonialamts und des Reichsmarineamts, sowie des Auswärtigen Amtes hin. **Das Richteramt dieser, der Verwaltung angehörigen Mitglieder kann aber nach diskretionärem Ermessen der Verwaltung jederzeit zum Erlöschen gebracht werden,** da § 23 des Reichsbeamtengesetzes vom 17./18. Mai 1907 bestimmt: „Jeder Reichsbeamte muß die Versetzung in ein anderes Amt von nicht geringerem Range und etatsmäßigem Diensteinkommen mit Vergütung der vorschriftsmäßigen Umzugskosten sich gefallen lassen, wenn es das dienstliche Bedürfnis erfordert"[2]). Wenn es das dienstliche Bedürfnis erfordert, daß ein dem Reichskolonialamt angehöriges

[1]) Der Begriff des „Gerichts höherer Ordnung" ist der deutschen Gesetzessprache als absoluter Begriff fremd und bedarf daher der gesetzlichen Klarstellung. (In relativer Bedeutung wird er z. B. in § 394 StrPO. verwendet und bezeichnet hier das Landgericht und das Schwurgericht).

[2]) Auf die Bestimmung des § 25 des Reichsbeamtengesetzes, welche außerdem namentlich die Vortragenden Räte des Auswärtigen Amts der jederzeitigen einstweiligen Versetzung in den Ruhestand unterwirft, sei nur beiläufig verwiesen. — Im übrigen vergl. auch § 11, 12 des Kolonialbeamtengesetzes vom 8. Juni 1910.

Mitglied des Gerichtshofes in das Auswärtige Amt oder ein in der hauptamtlichen Stellung dem Reichsmarineamt (Zentralverwaltung für das Schutzgebiet Kiautschou) angehöriger Richter in das Reichskolonialamt versetzt wird u. s. w. und die Versetzung erfolgt, so ist, allen kolonial- und konsular**richterlichen** Garantien zum Trotz, infolge des Wechsels der Stellung im Hauptamt auch die Stellung im Nebenamt, d. h. die Gerichtsmitgliedschaft, erloschen.

Die unbeschränkte Absetzungsmöglichkeit (welche für die ihr Unterworfenen den § 6 Abs. 2 des Entwurfs der praktischen Bedeutung entkleidet) läßt Verwaltungsbeamte als für die Mitgliedschaft in dem zu begründenden ordentlichen Gericht schlechthin ungeeignet erscheinen.

Wenn es noch einer Unterstützung dieser Auffassung von anderer Seite bedürfte, so könnte sie leicht der „Begründung" des Gesetzentwurfs entnommen werden, die es (S. 12) selbst als einen Mangel des bestehenden kolonialen Gerichtswesens bezeichnet, daß in einzelnen Schutzgebieten „die Geschäfte des Oberrichters von Beamten wahrgenommen werden, die gleichzeitig Verwaltungsfunktionen ausüben".

Es empfiehlt sich nicht, diesen Mangel bei dem kolonialen Höchstgericht zu erneuern, um so weniger als auch ein sachliches Bedürfnis der Mitwirkung von Verwaltungsbeamten für den Kolonial- und Konsulargerichtshof nicht anerkannt werden kann.

Was zunächst den Hinweis auf die „lebendige Berührung" dieser Beamten „mit den internationalen Rechtsverhältnissen" betrifft, so ist zu bemerken, daß es sich um die Konstituierung eines Gerichts handelt, das lediglich nach Rechtsgrundsätzen über Privat- und Strafrechtsverhältnisse zu urteilen hat.

Was aber die „lebendige Berührung mit den Rechtsverhältnissen in den Schutzgebieten oder in den Konsulargerichtsbezirken" anlangt, so kann deren Bedeutung für den neuen Gerichtshof in der Tat garnicht hoch genug veranschlagt werden. Als zum Richteramt geeignete Subjekte dieser Berührung können aber diejenigen Beamten nicht angesehen werden, von denen oder von deren direkten Vorgesetzten (Staatssekretär, Reichskanzler) ein großer Teil der gerichtlich zu beurteilenden Maßnahmen unmittelbar ausgegangen ist, [1])

[1]) Hierzu Begründung S. 9: „Es werden jetzt dort nicht selten Prozesse . . . geführt, bei denen . . . . namentlich auch über die Gültigkeit von Verordnungen sowie die rechtliche Bedeutung und Tragweite von wichtigen Verträgen und Konzessionserteilungen Entscheidung zu treffen ist."

und für welche außerdem die Vertretung der Interessen des an kolonialen Rechtsstreitigkeiten besonders häufig beteiligten (Begründung S. 12) Fiskus eine wichtige Funktion des Hauptamtes bildet. O. Köbner (a. a. O. S. 3f.) hat dies bereits des näheren überzeugend nachgewiesen und im Zusammenhang damit durchaus zutreffend bemerkt: „Es ist nicht wünschenswert, daß ein Beamter, der in dieser Weise — im Sinne des Zivilrechts gesprochen — Vertragspartei bezw. Vertreter der einen Vertragspartei bei einer kaufmännischen 2c. Angelegenheit war, später im Prozesse in richterlicher Eigenschaft mit derselben Angelegenheit sich zu befassen hat".

Es muß ausgesprochen werden: wenn auch nicht zu bezweifeln ist, daß die aus der Verwaltung berufenen Gerichtsmitglieder sich bei ihrer richterlichen Tätigkeit in dem Maße unabhängig fühlen werden, in welchem sie bei der verwaltenden abhängig sind, so wird doch die Bevölkerung, zumal die koloniale, des Glaubens leben, daß die Zulassung von Verwaltungsbeamten zur Gerichtsmitgliedschaft den Zweck habe, der Verwaltung Einfluß auf die Rechtsprechung zu verschaffen. Erlangt § 5 des Entwurfs gesetzliche Kraft, so wird das neue Reichsgericht in den Augen vieler, die seinem Schutze anvertraut sind, von vornherein mit dem Kainszeichen der Abhängigkeit behaftet sein.

IV. So wird die Minderheitsgruppe mit Mitgliedern anderer Art, als im Entwurf vorgeschlagen, zu besetzen sein, wenn nicht der Gewinn, welchen der Kolonial- und Konsulargerichtshof der Rechtspflege zu bringen bestimmt ist, infolge des, wenn auch ungewollten, Hineinspielens von Verwaltungsinteressen in die richterliche Amtsausübung großenteils wieder verloren gehen soll.

Im übrigen würde, wie bei der Mehrheitsgruppe, so auch bei der Minderheitsgruppe der Kreis der berufungsfähigen Personen gesetzlich zu bestimmen sein.

Dabei werden vor allem folgende Kategorien „mit den Verhältnissen in den Schutzgebieten und in den Konsulargerichtsbezirken" (Begründung zu § 2) vertrauter Personen in Betracht kommen:

1. Ehemalige richterliche Kolonialbeamte, welche sich derzeit in richterlicher Stellung — sei es bei einem ordentlichen oder einem Verwaltungsgericht, und zwar auch „niederer Ordnung", — oder im Ruhestand befinden.

2. Ordentliche öffentliche Lehrer des Rechts an einer deutschen Universität (vergl. Gerichtsverfassungsgesetz § 4). Finden sich doch unter diesen Personen schon jetzt nicht wenige, welche mit den Rechtsverhältnissen in den Kolonien und in den Konsulargerichtsbezirken besonders vertraut sind. Andererseits aber würde die Herstellung einer solchen Beziehung zur kolonial- und konsulargerichtlichen Praxis auch der wissenschaftlichen Pflege des Kolonial- und Konsularrechts weitwirkende Anregungen vermitteln.

3. Laien, welche als Kaufmann, als Vorstand einer Aktiengesellschaft, als Geschäftsführer einer Gesellschaft mit beschränkter Haftung oder als Vorstand einer sonstigen juristischen Person in das Handelsregister eingetragen sind oder eingetragen waren (vergl. § 133 des Gerichtsverfassuugsgesetzes) und mindestens drei Jahre in einem Konsulargerichtsbezirk oder Schutzgebiet als Kaufmann, Gewerbetreibender oder Landwirt tätig gewesen sind. Die Heranziehung dieser Personen empfiehlt sich nach dem durchaus bewährten Vorbilde der Kammern für Handelssachen[1]) deshalb, weil die aus den Konsulargerichtsbezirken an den Gerichtshof erwachsenden bürgerlichen Rechtsstreitigkeiten zumeist dem Handelsrecht angehören und weil es sich auch bei den Schutzgebietszivilrechtsstreitigkeiten vielfach um Prozesse über großwirtschaftliche Rechtsverhältnisse handelt. Auf die Mitwirkung dieser geborenen Sachverständigen im Gericht selbst ist aber deshalb ganz besonderer Wert zu legen[2]), weil in konsular- und kolonialgerichtlichen Handelssachen in erster Linie örtliches Handelsgewohnheitsrecht und erst in zweiter deutsches Gesetzesrecht gilt. Außerdem ist die Qualifikation der Laienbeisitzer zur Würdigung von Aussagen kommissarisch vernommener Zeugen, namentlich aus Eingeborenenkreisen, ein nicht zu unterschätzendes Moment.

Die Forderung der Mitwirkung eines Laienrichters in Zivilsachen (s. unten S. 19) liegt um so näher, als das neue Gericht nur zum Teil als Revisionsinstanz und in weitgehendem Maße, nämlich für die konsulargerichtlichen Sachen allgemein und für die kolonialgerichtlichen nach Maßgabe noch zu erlassender Bestimmung Berufungsinstanz sein soll. Aber auch im übrigen steht diese Forderung mit der Regierungsvorlage nicht in grundsätzlichem

[1]) Auch im Reichsmilitärgericht, das als erkennendes Gericht sogar ausschließlich Revisionsgericht ist, sind Laien zu richterlicher Mitwirkung berufen Vergl. insbesondere § 84 der Militärstrafgerichtsordnung vom 1. Dezember 1898.

[2]) S. auch O. Köbner a. a. O. S. 16f.

Widerspruch, da die Begründung (S. 9) nur ein „überwiegend mit Laien besetztes Gericht" als zur endgültigen Entscheidung über Rechtsfragen „wenig geeignet" bezeichnet.

V. Als zweckmäßig ist die Bestimmung des § 7 zu bezeichnen, nach welcher der Gerichtshof in einer Besetzung von fünf Mitgliedern entscheidet, von denen mindestens drei auf Lebenszeit ernannt sein oder einem Oberlandesgericht oder einem „Gerichte höherer Ordnung"[1]) angehören müssen. Wenigstens ist die bisher beobachtete Regel, nach welcher die in bürgerlichen und Strafrechtssachen erkennenden Gerichte des Reichs in einer Besetzung mit sieben Mitgliedern entscheiden, an sich noch kein Grund, auch für den Kolonial- und Konsulargerichtshof die Besetzung mit fünf Mitgliedern als unzureichend anzusehen. Auch das „Prinzip", daß die höhere Instanz zugleich die stärker besetzte Instanz ist, ist innerlich nicht so fest begründet, als daß es nicht im Hinblick auf die im Verhältnis zu den unteren Instanzen stärkere Vertretung des rechtsgelehrten Elements eine Durchbrechung vertrüge.

Es darf jedoch die Bestimmung über die Heranziehung der einzelnen Mitglieder zu den Geschäften und die Verteilung der Geschäfte unter die etwa zu bildenden Senate nicht, wie der Entwurf es beabsichtigt (Begründung zu § 8), ausschließlich der Geschäftsordnung überlassen werden. Vielmehr ist auch den Mitgliedern, die nicht „richterliche Beamte" im engeren Sinne sind, eine Mitwirkung bei jeder urteilsmäßigen Entscheidung durch das Gesetz zu garantieren. Eine einfache Übertragung der Bestimmung des § 141 des Gerichtsverfassungsgesetzes über die Regelung des Geschäftsganges beim Reichsgericht auf den neuen Gerichtshof erscheint im Hinblick auf dessen andersartige Zusammensetzung bedenklich.

Bei der gesetzlichen Feststellung, in welcher Zahl und Zusammensetzung die zwei nicht von vornherein bestimmten Mitglieder in das Spruchkollegium zu berufen sind, wird zu beobachten sein: 1. daß nicht auch sie aus der Reihe der im engeren Sinne richterlichen Mitglieder entnommen werden dürfen; es genügt, wenn diese die einfache Mehrheit haben. 2. daß eine sachlich angemessene Verteilung der Geschäfte auf die übrigen Mitglieder stattfindet, so etwa, daß in Zivilsachen ein Laienmitglied und ein Mitglied einer der beiden anderen Kategorien (ehemalige Kolonialbeamte;

[1]) S. oben S. 12 Anm. 1.

Professoren) herangezogen wird, während in Strafsachen die Auswahl freibleibt, indessen auch hier die Berufung zweier Mitglieder derselben Klasse ausgeschlossen ist.

Innerhalb dieses vom Gesetz leicht zu fixierenden Rahmens wird dann die Geschäftsordnung das Einzelne zu bestimmen haben.

VI. Gegen die Vorschriften über die Staatsanwaltschaft (§ 9) die Gerichtsschreiberei (§ 10) und die Berechtigung zur Ausübung der Rechtsanwaltschaft (§ 11) ist nichts zu erinnern; die Bestimmungen des § 11 dürfen als großzügig und glücklich bezeichnet werden.

VII. Was den **Sitz des Gerichts** (§ 2) anbetrifft, so geht der Entwurf wiederum davon aus, daß es erwünscht sei, solche Beamte als Mitglieder heranzuziehen, welche durch eine nichtrichterliche dienstliche Tätigkeit „in lebendiger Berührung" mit den Rechtsverhältnissen in den Schutzgebieten oder in den Konsulargerichtsbezirken oder mit den internationalen Rechtsverhältnissen stehen (Begründung zu §§ 2 und 5), und davon, daß die Auswahl der dafür in Betracht kommenden Beamten in Berlin am größten sei (Begründung zu § 2).

Wenn die Bedenken gegen die Mitgliedschaft von **Verwaltungsbeamten** im Kolonial- und Konsulargerichtshof als begründet anerkannt werden, so fällt, da die Auswahl der zu berufenden **richterlichen Beamten** in mehr als einer anderen Großstadt Deutschlands nicht minder leicht ausführbar ist als in Berlin, die Begründung des Gesetzentwurfs auch in diesem Punkte in sich zusammen.

Freilich mögen andere, nicht in den „Motiven" ausgesprochene Gründe auf Berlin weisen, so der, daß Berlin die Reichshauptstadt ist. Wie dieses sehr äußerliche Argument schon durch die Tatsache, daß das Reichsgericht, ohne daß daraus nachteilige Folgen erwachsen wären, seinen Sitz nicht in der Reichshauptstadt, sondern in Leipzig hat, wiederlegt wird, so wird mit dem Hinweis darauf, daß die obersten Kolonial- und Konsularverwaltungsbehörden sich in Berlin befinden, sachlich mehr verloren als gewonnen. So wenig wie die Reichsjustizverwaltungsbehörde, haben die Organe der Reichskolonial- und Konsularverwaltung irgend eine materielle Beziehung zu dem Geschäftskreise des neuen Gerichtshofes. Was insbesondere die Staatsanwaltschaft angeht, so wird bei den zu erwartenden simplen Strafsachen zu einer Instruktion seitens der Verwaltungsbehörde nur in verschwindenden Ausnahmefällen Veranlassung gegeben sein, in Ausnahmefällen, die jedenfalls noch weniger zahlreich sein werden als sie derzeit vor dem Reichsgericht eintreten[1]).

Auch die Tatsache, daß die Kolonialgesellschaften im engeren Sinne (Schutzgebietsgesetz § 11—13) ihren Sitz zumeist in Berlin haben, würde nur dann erheblich sein, wenn dadurch Berlin zugleich zum Sitz der in Frage stehenden Rechtsverhältnisse würde[2]).

So wird der Weg frei für die sachliche Prüfung der Frage, welche deutsche Stadt den besten Grundstock für die Bildung eines Reichskolonial- und Konsulargerichts abzugeben vermag; die personelle Basis aber soll nach der „Begründung" für den Sitz des Gerichtshofes bestimmend sein.

Wo sind — so muß die Fragestellung lauten — in Deutschland die am besten für die Erfassung und Beurteilung der Tatbestände des deutsch-überseeischen Rechtslebens vorgebildeten Richter und Anwälte zu finden?

Aus den Konsulargerichtsbezirken werden, nach dem Inhalt der in den verschiedenen Sammlungen veröffentlichten Entscheidungen zu urteilen, wesentlich handelsrechtliche Streitigkeiten, zumal solche des Exporthandels, an den neuen Gerichtshof gelangen. Damit aber ist von vornherein die Richtung auf die zweite Stadt des Reiches gewiesen, weil die Zahl der handelsrechtlich erfahrenen Mitglieder eines Oberlandesgerichts — das Reichsgericht muß ja ausscheiden — nirgends größer ist als in Hamburg. Auch in der Feststellung von Handelsgewohnheitsrecht[3]) und in der Beurteilung von Handelsgebräuchen besitzt kein deutsches Gericht umfassendere Praxis, reichere Erfahrung.

Zudem führen die Grundsätze des internationalen Privatrechts gerade in Konsulargerichtssachen häufig zur Anwendung fremden, zumal, beim Überwiegen ostasiatischer Rechtsstreitigkeiten, des englischen Rechts, das schon gegenwärtig in der Judikatur des Hanseatischen Oberlandesgerichts eine bedeutende Rolle spielt.

---

[1]) Hier handelt es sich vor allem um Prozesse wegen Hochverrats und Landesverrats gegen Kaiser und Reich und wegen Verrats militärischer Geheimnisse.

[2]) Überhaupt ist es abwegig, bei einer grundsätzlichen und für die Dauer bestimmten Reform nur oder fast nur die Augenblicksverhältnisse eines einzelnen Schutzgebiets (Deutsch-Südwestafrika) in Betracht zu ziehen.

[3]) S. oben S. 15.

Damit hängt ein weiteres zusammen, das Erfordernis oder doch die Erwünschtheit besonderer Sprachkenntnis auf Seiten des in der Konsulargerichtsbarkeit tätigen Richters; bilden doch vielfach in fremder Sprache abgefaßte Schriftstücke (Verträge, Korrespondenzen, Fakturen) die Unterlage der aus den Konsulargerichtsbezirken erwachsenden Prozesse. Wenn nun auch nach § 186 des Gerichtsverfassungsgesetzes die Gerichtssprache die deutsche ist, so kann sich doch nach § 187 unter Umständen ein Teil der Verhandlung in einer fremden Sprache, und zwar selbst ohne Zuziehung eines Dolmetschers, abspielen, letzteres dann, wenn die beteiligten Personen sämtlich der fremden Sprache mächtig sind. Diese weitgehendste Anwendung des § 187 dürfte praktisch nur in Hamburg vorkommen. Es bedarf wohl kaum des Hinweises darauf, daß solche Möglichkeit nicht nur im Interesse der Schleunigkeit, sondern auch in dem der Sachgemäßheit der Verhandlung gelegen ist: denn wie vieles Wichtige bleibt leicht in dem Sieb des Dolmetschers, selbst des fähigsten, zurück. Aber auch abgesehen hiervon ist es von der größten Bedeutung für eine tiefgründige und zugleich freie Bearbeitung des Prozeßstoffs, wenn sich der Richter und besonders der Berichterstatter unter dem unmittelbaren Eindruck der ihm vorliegenden Dokumente und, ohne die unsichere Brücke der Übersetzung betreten zu müssen, mit ihm zu beschäftigen vermag.

Aber auch für die kolonialen Rechtsstreitigkeiten, bei denen es sich vorwiegend um das reichsrechtlich [1]) geregelte Grundstücks- [2]) Berg- [3]) und Gesellschaftsrecht handeln wird, [4]) sind unter den deutschen Richtern die Mitglieder des Hanseatischen Oberlandes-

[1]) Das preußische Privatrecht spielt, trotz § 19 des Konsulargerichtsbarkeitsgesetzes, in der Kolonial- und Konsulargerichtsbarkeit praktisch keine erhebliche Rolle mehr. Im übrigen würde die gelegentliche Anwendung preußischen Rechts auch durch Richter nichtpreußischer Staatsangehörigkeit weder theoretisch bedenklich noch praktisch ungewöhnlich sein; in dieser Beziehung genügt ein Hinweis auf die Mitglieder des Reichsgerichts und der bestehenden Kolonial- und Konsulargerichte. Preußisches öffentliches Recht und Strafrecht gilt in den Kolonien überhaupt nicht.

[2]) Vergl. namentlich die Kaiserliche Verordnung, betreffend die Rechte an Grundstücken in den deutschen Schutzgebieten, vom 21. November 1902 und die Kaiserliche Verordnung über die Enteignung von Grundeigentum in den Schutzgebieten Afrikas und der Südsee vom 14. Februar 1903.

[3]) Vergl. namentlich die Kaiserlichen Bergverordnungen für Deutsch-Südwestafrika vom 8. August 1905, für die übrigen Schutzgebiete (außer Kiautschou) vom 27. Februar 1906.

[4]) Siehe auch J. Gerstmeyer a. a. O. (oben S. 9 Anm. 1) S. 61.

gerichts als die geeignetsten Urteiler anzusehen. Durch persönliche Beziehungen wie durch amtliche Wirksamkeit mit den im überseeischen und besonders im kolonialen Wirtschaftsleben Deutschlands tätigen Kräften verbunden, daneben durch beruflichen Einblick in die Verhältnisse kommerzieller Betriebe kaufmännisch erfahren, besitzen sie ein im Vergleich mit binnenländischen Juristen gesteigertes Sachverständnis in den besonderen Fragen, welche den Kolonialgerichtshof überwiegend zu beschäftigen haben werden.

Soweit aber das technische Sachverständnis fehlt — und es wird nur selten fehlen, wenn die gegenüber dem Entwurf vorgeschlagene Heranziehung von Laienrichtern[1]) stattfindet —, kann es nirgends leichter ergänzt werden als in Hamburg. Finden sich doch in keiner anderen deutschen Stadt, Berlin nicht ausgenommen, gleich viel Personen, die auf Grund ihres Aufenthalts und eigener praktischer Betätigung im Auslande wie in den deutschen Kolonien über die iu Betracht kommenden Verhältnisse Auskunft zu geben vermöchten. Auch auf das in Hamburg errichtete, mit literarischen Hülfsmitteln aufs reichste ausgestattete Kolonialinstitut, dessen Zentralstelle eine in ihrer Art einzig dastehende Materialiensammlung besitzt und fortdauernd erweitert, und dessen Mitglieder in ihrer großen Mehrheit die kolonialen und überseeischen Länder überhaupt aus eigener, oft langjähriger praktischer Anschauung kennen, hat man in dieser Beziehung hingewiesen[2]).

Über die praktischen Vorteile der räumlichen Vereinigung juristischen und technischen Sachverständnisses hat der in Schanghai erscheinende „Ostasiatische Lloyd“[3]) sehr anschaulich bemerkt: „Diese Änderung (Verlegung des Reichskonsulargerichts nach Hamburg) würde von den hiesigen deutschen Kaufleuten allgemein mit großer Freude begrüßt werden, da sie nicht nur eine Beschleunigung und

[1]) Oben S. 15f.

[2]) Vergl. hierzu auch die am 3. Mai 1910 im Landesrat von Deutsch-Südwestafrika verlesene Erklärung, in der es heißt: „Da die Rechtspflege nicht nur rechtsprechend, sondern auch rechtsbelehrend wirken soll, ist dem Nutzen aus der Verlegung des Kolonial- und Konsular-Gerichtshofes nach Hamburg für die an dem in der gleichen Stadt errichteten Kolonial-Institut Bildungsuchenden, zukünftigen Kolonialbeamten und Ansiedler große Beachtung beizumessen.“ In der Tat würde durch einen in Hamburg domizilierten Kolonialgerichtshof eine Wechselwirkung zwischen kolonialer Rechtspflege, Wissenschaft und Praxis geschaffen werden, wie sie sich gleich fruchtbar und stark anderwärts nicht herstellen läßt.

[3]) 23. April 1909.

Verbilligung der Prozesse bedeuten, sondern auch eine größere Gewähr für die richtige Entscheidung der Prozesse leisten würde. .... Es braucht nicht mehr, wie es gleichfalls vorgekommen ist, ein Hamburger Kaufmann vom Hamburger Amtsgericht vernommen zu werden, um für das Reichsgericht ein sachverständiges Gutachten über Handelssachen abzugeben. Ebensowenig braucht dann ein Hamburger Kapitän in Hamburg ein Gutachten über einen Schiffszusammenstoß zu verfassen und sich danach zur weitern Erläuterung nach Leipzig zu begeben, sondern das Oberlandesgericht würde sich in mündlichen Verhandlungen leichter, weniger kostspielig, in weit kürzerer Zeit und auch besser einen Einblick in die Vorgänge und Verhältnisse verschaffen können und brauchte sich nicht erst wie das Reichsgericht aus eingesandten und verlesenen Protokollen eine Auffassung zu bilden. In sehr vielen, vielleicht den meisten Fällen wäre es wohl gar nicht auf Sachverständige angewiesen, da die vorkommenden Fälle ihm seit lange aus seiner Rechtsprechung bekannt sind. Denn die meisten Prozesse der Konsulargerichte gehen um Fragen des Handels- und Seerechts, und in ihnen genießt die Rechtsprechung des Hanseatischen Oberlandesgerichts weithin einen wohlverdienten guten Ruf."

Was aber wiederum die kolonialen Rechtssachen anbetrifft, so mag da auf die im Landesrat von Deutsch-Südwestafrika am 3. Mai 1910 verlesene Erklärung verwiesen werden, in der es heißt: „Wenn auch von uns zugegeben werden muß, daß ein langjähriger, spezieller Aufenthalt in bestimmten Gebieten nicht unbedingt ausschlaggebend ist für die richtige Beurteilung in Frage kommender Verhältnisse, so muß andererseits als anerkannt gelten, daß langjährige Beschäftigung mit dem Übersee-Handel und das Milieu, in dem sich diese Tätigkeit abspielt, auch für die Beurteilung unserer kolonialen Verhältnisse von großem Wert sein muß. Hamburg, unsere erste Seehandelsstadt, verfügt über eine so große Zahl Personen, welche in weitgehendstem Maße über die Beziehungen zu unseren Kolonien und dem Auslande überhaupt orientiert sind, daß man nicht nur gleich günstige Verhältnisse für alle anderen Plätze Deutschlands verneinen, sondern sogar behaupten kann, daß sich hier sowohl in Juristen- als auch in Laienkreisen stets genügend Persönlichkeiten finden werden, welche zur gerechten Beurteilung der Sachlage notwendig sind."

Freilich darf nicht übersehen werden und ist von Fleischmann besonders betont worden [1]), daß diese Gründe für Hamburg minder stark ins Gewicht fallen würden, wenn es sich nur um die Schaffung einer lediglich mit der Nachprüfung im Rechtspunkte betrauten Revisionsinstanz handelte. Aber das neue Reichsgericht soll gerade in den konsulargerichtlichen Sachen ausschließlich und für die kolonialgerichtlichen nach Maßgabe der auf Grund des § 14 zu erlassenden kaiserlichen Verordnungen Berufungsinstanz sein. Für diesen Fall aber hat sich auch Fleischmann unter Hinweis darauf, daß schon das alte Schutzgebietsgesetz von 1886 dem Kaiser die Möglichkeit gegeben hat, beim Hanseatischen Oberlandesgericht eine Berufungsinstanz für die Kolonien zu schaffen, mit Recht dahin ausgesprochen: „Würde der ganze Sachverhalt noch einmal aufgerollt werden müssen“ — und das ist ja in der Berufungsinstanz der Fall —, „dann würde wohl die Nähe der Zeugen und Sachverständigen in Hamburg für diesen Ort sprechen“ [2]).

2. Abschnitt.

Zuständigkeit.

Bei der Bestimmung der Zuständigkeit des Gerichtshofes regelt der Entwurf die Zuständigkeit in Konsulargerichtssachen einerseits, in Kolonialgerichtssachen andererseits getrennt.

[1]) Jahrbuch über die deutschen Kolonien, Essen 1910, S. 74.

[2]) S. auch Köbner a. a. O. (oben S. 9) S. 26 f.: „Außer dem Reichsgerichte könnte noch ein hoher deutscher Gerichtshof in Betracht kommen, der sich in besonderem Maße für koloniale Rechspflege eignet. Es ist dasjenige Gericht, das seiner ganzen Tradition nach die überseeischen Rechtsbeziehungen gepflegt hat, nämlich das Hanseatische Oberlandesgericht in Hamburg, das Gericht der größten deutschen Hafenstädte, welches sicherlich eine besondere Qualifikation in diesen überseeischen Rechtsdingen besitzt. Es könnte daher sehr wohl in Frage kommen, dieses Hamburger Gericht reichsgesetzlich als Obergericht für die koloniale Rechtspflege einzusetzen. . . . Die großen Vorzüge des Hanseatischen Gerichts lassen sich nicht verkennen; allein als dritte Instanz möchte doch das Reichsgericht dem Oberlandesgericht Hamburg gegenüber einen wesentlichen Vorzug haben. . . . . Wenn es einmal zur Bildung eines mutterländischen Obergerichtshofes für unsere sonstige überseeische, konsulare Gerichtsbarkeit kommt, so . . . könnte an eine Angliederung gedacht werden.“ — Diese Ausführungen sind im gegenwärtigen Augenblik um so beachtenswerter, als das Reichsgericht nach der Vorlage als oberste Instanz für Kolonial- und Konsulargerichtssachen nicht mehr in Betracht kommt. — Weiter hat zu der Frage des Sitzes des Reichskolonialgerichts eingehend Stellung genommen: A. Holländer in der Zeitschrift für Kolonialpolitik, Kolonialrecht und Kolonialwirtschaft 1909 S. 606 ff. und in dem „Elbwart“ 1910 S. 17 ff.

I. Die Bestimmung der §§ 12, 21 Abs. 1, nach welchen dem Kolonial- und Konsulargerichtshof die nach dem Konsulargerichtsbarkeitsgesetz begründete Zuständigkeit des Reichsgerichts übertragen wird — ausgenommen Berufungen und Beschwerden, die vor dem Inkrafttreten des Gesetzes eingelegt worden sind —, daß jedoch die Zuständigkeit des Reichsgerichts im Falle des § 55 des Konsulargerichtsbarkeitsgesetzes hierdurch nicht berührt wird, ist in der Sache einfach und zweckmäßig. In formeller Beziehung dürfte es sich indessen aus praktischen Gründen empfehlen, die Fälle der Zuständigkeit an dieser wie an den übrigen in Betracht kommenden Stellen unmittelbar aufzuzählen und das System der Verweisungen, diese, wie es scheint, bereits chronisch gewordene Krankheit neudeutscher Gesetzestechnik, wenigstens dem vorliegenden Gesetze nach Möglichkeit fernzuhalten.

II. In eigenartiger Weise wird sodann in den §§ 13 und 14 die Zuständigkeit des Gerichtshofes in Sachen der Kolonialgerichtsbarkeit normiert.

Hier soll nämlich die Bestimmung der gesamten materiellen Zuständigkeit des neuen Gerichts nicht durch Gesetz, sondern im Wege kaiserlicher Verordnung erfolgen.

Von dieser Tatsache muß man ausgehen, wenn man die Vorschläge des Entwurfs auf ihre Zweckmäßigkeit prüfen will. In der Begründung tritt sie nicht genügend hervor, wenn dort (S. 12) gesagt wird: „Es wird .... nicht angängig sein, daß bei der Durchführung der geplanten Reform non dem Verordnungswege ganz abgesehen wird. .... Das Verordnungsrecht des Kaisers soll nur in soweit Platz greifen als entweder Rücksichten auf das bestehende Recht .... dies nötig machen oder als es wünschenswert erscheint, von einer gesetzlichen Regelung zunächst abzusehen, um der Entwickelung und deren wechselnden Bedürfnissen leichter Rechnung tragen zu können."

Man sollte meinen, daß die Tatsache der Einbringung des Gesetzentwurfs eine Konsolidation der Entwickelung und der Bedürfnisse voraussetzt, welche wenigstens die Aufstellung einiger materieller Zuständigkeitsgrundsätze im Gesetze selbst gestattet.

Im übrigen kann die in der Begründung (S. 12) hervorgehobene und unbestreitbare Tatsache, daß die einzelnen Schutzgebiete in ihrer Entwicklung verschieden weit fortgeschritten sind und deshalb nicht für alle in gleichem Maße die Notwendigkeit der

Zulassung der Revision besteht, logisch doch nur dahin führen, zu erklären, für welche Schutzgebiete diese Notwendigkeit besteht, nicht aber dahin, zu erklären, daß die Bestimmung über die Zulassung kaiserlicher Verordnung vorbehalten bleiben müsse.

Das Gleiche gilt von der Bemerkung (Begründung S. 12), es könne „für gewisse Arten von Prozessen" zweckmäßig sein, daß auch schon die Tatfrage durch eine mit rechtsgelehrten Richtern besetzte Instanz nachgeprüft werde. Und es gilt endlich von dem Hinweis (ebenda) auf die besonderen Verhältnisse der Südseeschutzgebiete, wo bisweilen — wie zur Zeit in Neu-Guinea — Personalunion zwischen Gouverneur- und Oberrichteramt besteht und wo dazu häufig der Fiskus bei einem Rechtsstreit beteiligt ist, auch die Auswahl der Beisitzer nicht selten auf Schwierigkeiten stößt.

Keines dieser Verhältnisse ist einem derartigen Wandel und Wechsel unterworfen, daß nicht auch, rechtsstaatlichen Grundsätzen entsprechend, das Gesetz bestimmen könnte, für welche Schutzgebiete und für welche „gewisse Rechtssachen" (Begründung zu § 13) der Rechtsmittelzug an den Kolonalgerichtshof offen stehen solle. Und es ist ungenau, wenn die Begründung zu §§ 13, 14 sagt, daß diese Paragraphen dem Kaiser diejenigen Ermächtigungen erteilen, „welche .... erforderlich sind, um die Zuständigkeit des neuen Gerichts auf dem Gebiete der Kolonialgerichtsbarkeit zu regeln".

Allerdings darf bezüglich der Revision nicht übersehen werden (Begründung S. 11), daß die Existenz der Obergerichte selbst lediglich auf einer gemäß § 6 Ziffer 6 des Schutzgebietsgesetzes erlassenen Kaiserlichen Verordnung beruht, welche der Kaiser wieder aufzuheben berechtigt ist. Macht der Kaiser von diesem Recht Gebrauch, so wird damit gemäß § 2 des Schutzgebietsgesetzes ohne weiteres das Reichsgericht anstelle der Obergerichte zum Berufungs- und Beschwerdegericht für die Schutzgebiete und damit der Kolonial- und Konsulargerichtshof zum Revisionsgericht über dem Reichsgericht! Diese, praktisch nicht eben nahe liegende, aber vom Gesetz doch zu berücksichtigende Möglichkeit wird aber durch die in Aussicht genommene Zuständigkeit des Kaisers, den Umfang der Revision zu bestimmen, nicht beseitigt. Denn das Recht des Kaisers, die Obergerichte aufzuheben, läßt der Entwurf unberührt. Es ist daher, falls prinzipiell das Rechtsmittel der Revision gegen obergerichtliche Entscheidungen gesetzlich eingeführt werden soll, eine Ergänzung des Gesetzentwurfs dahin geboten, daß § 8 der Kaiserlichen Verordnung, betreffend die Rechtsverhältnisse in den deutschen Schutzgebieten vom 9. November 1900/28. September 1907, mit welchem die Obergerichte stehen und fallen, nur im Wege der Gesetzgebung abgeändert werden kann.

Auch technisch dürfte die gesetzliche Fixierung der Fälle, in welchen die Revision, die Berufung und die (weitere) Beschwerde an den Kolonialgerichtshof zulässig sein soll, keine Schwierigkeiten machen. Denn da nach der „Begründung" (zu § 21) das Gesetz sobald als möglich in Kraft treten soll, darf angenommen werden, daß die in der Vorlage vorgesehenen kaiserlichen Verordnungen seitens der Kolonialverwaltungsbehörden bereits ausgearbeitet sind, so daß sie nur inhaltlich dem Gesetzentwurf eingefügt zu werden brauchen[1]).

Erst eine derartige Gestaltung des Entwurfs wird die in der Begründung (zu § 15) ausgesprochene „Absicht, die geplante Reform in möglichst weitem Umfang in dem vorliegenden Gesetze selbst festzulegen", praktisch zur Wahrheit machen.

Nach diesen grundsätzlichen Erörterungen bedürfen die Einzelheiten der geplanten kaiserlichen Kompetenznormierung nur einer kurzen Betrachtung.

Im Widerspruch zu den, wohl zu einem Vorentwurf gehörigen und nur versehentlich stehen gebliebenen Ausführungen der Begründung (S. 11 Absatz 2 und 3) über die Gesichtspunkte, welche „im allgemeinen dagegen sprechen, den neuen Gerichtshof als Berufungsinstanz zu errichten", soll der Kaiser das Recht erhalten, dem Reichskolonialgericht, soweit er es räumlich und sachlich — auch fallweise Bestimmung ist in Aussicht genommen (Begründung S. 12 und zu § 13) — für angemessen erachtet, im Verordnungswege die Berufungs- und Beschwerderechtsprechung über den Bezirksgerichten bezw. dem Kaiserlichen Gericht von Kiautschou als zweiter und letzter Instanz zuzuweisen. Doch sollen solche Verordnungen auf Berufungen und Beschwerden, welche vor ihrem Inkrafttreten eingelegt sind, keine Anwendung finden (§ 22 Abs. 2).

Ebenso soll der räumliche und sachliche Umfang der Zulässigkeit der Revision gegen obergerichtliche Berufungsurteile wie der Zulässigkeit der weiteren Beschwerde gegen obergerichtliche, in der

[1]) Für Strafsachen dürfte es sich empfehlen, die Revision allgemein in denjenigen (schwereren) Fällen zuzulassen, bei welchen in der Hauptverhandlung erster Instanz die Zuziehung von vier Beisitzern geboten war. Solche Regelung würde, gleichsam automatisch, auch künftige Strafrechtsnormen (einschließlich der vom Kaiser auf Grund des Schutzgebietsgesetzes § 6 Ziff. 1 erlassenen) ergreifen.

Beschwerdeinstanz erlassene Entscheidungen durch den Kaiser bestimmt werden — mit der Wirkung, daß für die Verhandlung und Entscheidung über die vom Kaiser zugelassenen Rechtsmittel der Kolonial- und Konsulargerichtshof als dritte Instanz zuständig ist. Einen Ausspruch darüber, daß die Revision oder weitere Beschwerde gegen solche obergerichtlichen Entscheidungen, die vor dem Zeitpunkt des Inkrafttretens einer jene Rechtsmittel einführenden Kaiserlichen Verordnung ergangen sind, nicht zulässig sei, hält die Begründung (zu § 22) für überflüssig; sie gibt aber in Gestalt des Hinweises auf „allgemein rechtliche Grundsätze" zu, daß es die Fassung des § 14 nicht ausschließt, die Revision und weitere Beschwerde auch auf ergangene Entscheidungen der Obergerichte, selbst fallweise („in bestimmtem Umfange"), zu erstrecken.

Soweit die Revision auf Grund des § 14 eingeführt wird, darf sie nach § 15 für bestimmte Fälle nicht ausgeschlossen werden. Sie muß nämlich dann für das betreffende Schutzgebiet zugelassen werden:

1. in Zivilsachen bezüglich nicht vermögensrechtlicher Ansprüche und bezüglich derjenigen als revisionsfähig bezeichneten Sachen, in denen der Wert des Beschwerdegegenstandes den Betrag von 5000 Mark übersteigt. Die Festsetzung dieser Summe wird damit begründet: „den wirtschaftlichen Verhältnissen in den Schutzgebieten wird es entsprechen, diesen [sc. in der Zivilprozeßordnung (in der Fassung des Gesetzes vom 5. Juni 1905) § 546 Abs. 1 mit 2500 Mk. festgesetzten] Betrag für die vor dem neuen Gerichtshof als Revisionsinstanz zu verhandelnden Sachen zu verdoppeln." Da das Gesetz, betreffend die Zuständigkeit des Reichsgerichts vom 22. Mai 1910 die Zulässigkeit der Revision in Rechtsstreitigkeiten über vermögensrechtliche Ansprüche nunmehr von einem den Betrag von viertausend Mark übersteigenden Wert des Beschwerdegegenstandes abhängig gemacht hat, muß es im Sinne der Begründung konsequent erscheinen, die Revisionssumme in Kolonialrechtsstreitigkeiten auf achttausend Mark festzusetzen! Diese Konsequenz aber zeigt allein schon, daß die Begründung des Entwurfs in ihrer über die Verschiedenheit des Geldwertes in den verschiedenen Schutzgebieten hinweggleitenden Allgemeinheit nicht haltbar ist. — Die Ermächtigung des Kaisers, die Revision auch bei einem geringeren Wert des Beschwerdegegenstandes[1]) zuzulassen, bietet nicht den erforder-

[1]) Die Begründung (zu § 15) sagt hier: Streitgegenstandes.

lichen Schutz gegen die möglichen sozialen und wirtschaftlichen Härten der vorgeschlagenen Festsetzung, wie denn überhaupt die Normierung der summa revisibilis nicht auf den Verordnungsweg, sondern in das Gesetz gehört.

2. in Strafsachen, in welchen das Bezirksgericht bezw. das Kaiserliche Gericht von Kiautschou anstelle des Schwurgerichts zuständig war. Doch kann sie der Kaiser auch in anderen Strafsachen zulassen — wiederum eines der im Rechtsstaat seltsam anmutenden Blankette, an denen der Entwurf weit reicher ist, als die Gesetze aus den Tagen deutschkolonialer Kindheit.

III. § 16 regelt den Fall, in welchem nach § 3 des Schutzgebietsgesetzes und § 19 des Konsulargerichtsbarkeitsgesetzes bei konkurrierender Zuständigkeit die Bestimmung des zuständigen Gerichts durch das gemeinschaftliche obere Gericht zu erfolgen hat.

Die Entscheidung soll hier dem Kolonial- und Konsulargerichtshof zustehen, wenn der Sitz der beteiligten Gerichte in verschiedenen Schutzgebieten oder in einem Schutzgebiet und in einem Konsulargerichtsbezirk liegt.[1]) Haben dagegen die beteiligten Gerichte ihren Sitz teils im Reichsgebiet, teils in einem Schutzgebiet oder in einem Konsulargerichtsbezirk, so soll die entsprechende Kompetenz dem Reichsgericht zustehen.

IV. Überblickt man die vom Entwurf vorgeschlagene Zuständigkeitsbestimmung als Ganzes, so wird man an zwei auffälligen Erscheinungen nicht vorübergehen dürfen. Zunächst daran, daß der neue Gerichtshof zugleich Revisions- und Berufungsinstanz sein soll. Bedenken hiergegen sind nicht zu erheben, besonders dann nicht, wenn der Gerichtshof eine geeignetere Zusammensetzung erfährt als der Entwurf sie vorschlägt[2]). Gerade auf den eigenartigen Gebieten seiner Zuständigkeit kann es für die revisionsrichterliche Tätigkeit nur von Vorteil sein, wenn ihre Träger auch den Tatfragen des kolonialen Rechtslebens nahe stehen[3]).

---

[1]) Haben die beteiligten Gerichte ihren Sitz sämtlich in Konsulargerichtsbezirken, so ist der Kolonial- und Konsulargerichtshof als das nach § 12 gemeinschaftliche obere Gericht ohne weiteres zur Bestimmung des zuständigen Gerichts berufen. (Begründung zu § 16).

[2]) S. oben S. 11 ff.

[3]) Übereinstimmend Fleischmann, Der Kolonialgerichtshof, Deutsche Juristen-Zeitung 1910, S. 568.

V. Dagegen ist eine Bestimmung erwünscht, welche in höherem Maße, als dies nach dem Entwurf der Fall sein kann, die Einheit der Rechtsprechung in konsular- und in kolonialrechtlichen Fragen sichert. In seiner gegenwärtigen Gestalt baut der Entwurf dem nicht vor, daß über gleichartige, im deutschen Rechtsgebiet erwachsene Rechtsfragen, je nachdem wo die Klage erhoben ist, in der reichsgerichtlichen Instanz ungleichartig entschieden wird. Denn, wird die Klage bei einem Kolonial- oder Konsulargericht erhoben, so ist der Kolonial- und Konsulargerichtshof letzte Instanz, während, wenn die Klage bei einem mutterländischen Gericht erhoben wird, der Rechtsmittelzug an das Reichsgericht geht. Zur Beseitigung dieser Disharmonie empfiehlt es sich — und ist bereits in der Reichstagsverhandlung vom 25. April 1910 angeregt worden —, als Revisionsgericht in Streitigkeiten, die aus Rechtsverhältnissen entstehen, welche *ihren Sitz* in einem Konsulargerichtsbezirk oder in einem Schutzgebiet haben, den Kolonial- und Konsulargerichtshof ausschließlich zuständig zu machen. Die, wenn auch nicht sehr erhebliche, Entlastung, welche hiermit dem Reichsgericht zu teil werden würde, tritt den angeführten Gründen, welche diesen praktisch nicht bedeutungslosen[1]) Vorschlag rechtfertigen, als weiteres Argument hinzu.

3. Abschnitt.

Verfahren und Kosten.

I. Gegen die verfahrensrechtlichen Vorschriften der §§ 17 und 18 ist nichts zu erinnern. Sachgemäß erscheinen auch die durch § 19

[1]) Vergl. z. B. die Entscheidung des Reichsgerichts vom 27. Mai 1909 (Zivs. 71, 208; Juristische Wochenschrift 1909, S. 469) über die Klage eines bei dem Betriebe einer Eisenbahn in Deutsch-Südwestafrika verunglückten Bremsers gegen den deutschen Betriebsunternehmer auf Grund des Reichshaftpflichtgesetzes. Ein interessantes Gegenstück bildet die auf Grund desselben Gesetzes erhobene Klage einer im Schutzgebiete Togo von einem Eisenbahnzug überfahrenen *Eingeborenen* gegen die weiße Unternehmerin [ein Auszug aus der (letztinstanzlichen) Entscheidung des Obergerichts zu Buea ist im Amtsblatt für Kamerun 1909, Nr. 22, veröffentlicht].

für das Verfahren in Kolonialsachen dritter Instanz (gegenüber dem als Regelrecht geltenden mutterländischen Verfahrensrecht) geschaffenen Erweiterungen der Revisionszulässigkeit, namentlich soweit sie die Beschränkung des § 549 Abs. 1 der Zivilprozeßordnung außer Anwendung setzen. Daß die in Aussicht genommenen weitergehenden Befreiungen von den gesetzlichen Schranken des Rechtsmittels der Revision in Zivilsachen, daß ferner eine Abänderung der gesetzlichen Form und Fristen, in denen die Revision einzulegen und zu begründen ist, der Bestimmung durch Kaiserliche Verordnung überlassen bleiben sollen, entbehrt dagegen der inneren Begründung: was aber die äußere Begründung beibringt — mangelhafte Gewähr der obergerichtlichen Rechtsprechung für ausreichende Würdigung aller in Betracht kommenden Rechtsfragen; weite Entfernungen und Unsicherheit der Verkehrsverhältnisse in den Schutzgebieten; Unmöglichkeit vollständiger Innehaltung der Formvorschriften der Reichsprozeßordnungen —, spricht nur für eine den kolonialen Verhältnissen **überhaupt** angepaßte Sonderregelung, nicht aber für die Ausschließung einer **gesetzlichen** Regelung.[1])

Daß die zur Revisionseinlegung in Zivilsachen erforderlichen Schriftsätze in Abweichung von den Vorschriften der §§ 553 ff. der Zivilprozeßordnung bei dem Berufungsgericht einzureichen sind (das die Prozeßakten nach Ablauf der Begründungsfrist dem Kolonial- und Konsulargerichtshofe zu übersenden hat), rechtfertigt sich angesichts der weiten Entfernung zwischen den Kolonien und dem Sitz des neuen Gerichtshofes. Ebenso erscheint die besondere Bestimmung des § 19 über die Zurückverweisung in Strafsachen (an ein anderes Gericht desselben oder eines anderen Schutzgebiets) damit, daß für jedes Schutzgebiet nur ein Obergericht besteht, hinreichend begründet.

II. Bei der Regelung der Kostenfrage in § 20 muß es beanstandet werden, daß die Gerichtsgebühren einschließlich der Pauschsätze für bare Auslagen im doppelten Betrage der reichsgerichtlichen erhoben werden sollen. Denn die Gründe, welche in den Konsulargerichtsbezirken und in den Kolonien eine entsprechende Vorschrift rechtfertigen, liegen in der Heimat nicht vor. Auch ist es in der Allgemeinheit, in der es die Begründung aus-

[1]) S. auch die Bemerkungen oben S. 25.

spricht, nicht richtig, daß „in den in Betracht kommenden Ländern der Wert des Geldes weit geringer ist als in Deutschland." Das gleiche Bedenken ist auch bereits in der erwähnten Reichstagsverhandlung und in der im Landesrat von Deutsch-Südwestafrika am 3. Mai 1910 verlesenen Erklärung hervorgehoben worden — mit dem Hinzufügen: „Die weitere Erhöhung der schon im Schutzgebiet schwer empfundenen hohen Gerichts-, Anwalts- und Notariatsgebühren würde noch mehr als bisher gerade dem nicht besonders bemittelten Rechtsucher die Benutzung des Rechtswegs unmöglich machen."

4. Abschnitt.

Der Gesetzentwurf und die öffentliche Meinung.

In der Begründung der Vorlage heißt es (S. 10): „Der vorliegende Gesetzentwurf . . . hält sich im wesentlichen mit . . . den . . . in der Öffentlichkeit hervorgetretenen Wünschen in Übereinstimmung."

Diese Behauptung, die, wenn sie zutreffend wäre, den schwankenden Grundlagen des Gesetzentwurfs eine starke Stütze zu geben vermöchte, ist unzutreffend.

Die in der Öffentlichkeit vernehmlich hervorgetretenen und näher begründeten Wünsche haben sich, nächst der Forderung eines Reichskolonial- und Konsulargerichts überhaupt, so gut wie ausschließlich auf die Frage bezogen, wo der zu schaffende Gerichtshof seinen Sitz haben solle.

In dieser Beziehung ist, was zunächst die mutterländische Öffentlichkeit betrifft, in der juristischen Literatur und in der deutschen Presse fast allgemein Hamburg als der jedenfalls nächst Leipzig geeignetste Sitz bezeichnet worden. Es wird aber auf diese Zeugnisse vielleicht entscheidendes Gewicht nicht gelegt werden dürfen, weil bei der Stellungnahme zu der Kontroverse Leipzig-Berlin-Hamburg lokalpatriotische Erwägungen nicht immer einflußlos gewesen sein mögen.

Um so größere Bedeutung ist der, von solchen Rücksichten gänzlich freien, öffentlichen Meinung in den Konsulargerichtsbezirken und in den Kolonien selbst zuzumessen. Eine Durchsicht der Presse der deutschen Kolonien und der Konsulargerichtsbezirke aber scheint zu dem Ergebnis zu führen, daß sich in ihr nicht eine einzige Stimme für Leipzig oder Berlin erhoben hat, vielmehr sämtliche Stimmen sich für Hamburg ausgesprochen haben.[1])

Damit stehen auch amtliche Äußerungen in Einklang.

In dem Bericht der Reichstagskommission zu dem Entwurf des Schutzgebietsgesetzes von 1886[2]) heißt es:

> „Als Berufungs- und Beschwerdegericht fungiert im Bereiche der Konsulargerichtsbarkeit nach Maßgabe des § 36 des Konsulargerichtsbarkeitsgesetzes das Reichsgericht. Es erschien wünschenswert, für gewisse Rechtsstreitigkeiten an Stelle des Reichsgerichtes ein anderes Gericht zu setzen. Bei der Entscheidung bürgerlicher Rechtsstreitigkeiten in den Schutzgebieten ist auf eine möglichst schleunige Erledigung das höchste Gewicht zu legen. Die hanseatischen Kaufleute in Westafrika haben außerdem den Wunsch geäußert, daß die dort auftretenden Rechtsstreitigkeiten in oberster Instanz bei dem Hanseatischen Oberlandesgericht zu Hamburg abgeurteilt würden, weil dieses mit den Fragen des Handelsrechtes und Seerechtes besonders vertraut ist. Aus diesen Gründen ist in den Vorschlägen der Kommission dem Kaiser die Befugnis beigelegt worden, als Berufungs- und Beschwerdegericht in bürgerlichen Rechtsstreitigkeiten, Konkurs-

---

[1]) Das Nähere ergibt die folgende Übersicht:

Deutsch-Ostafrika.

1. Deutsch-Ostafrikanische Zeitung, 1909 Nr. 34; 1910 Nr. 12.
2. Ostafrikanische Rundschau, 1910 Nr. 12.
3. Usambara-Post, 1909 Nr. 22.

Deutsch-Südwestafrika.

1. Deutsch-Südwestafrikanische Zeitung 1910, Nr. 8, Nr. 19 (wo die Absicht, das Gericht nach Berlin zu legen, „als neuer Grund zur Verstimmung" bezeichnet wird).
2. Windhuker Nachrichten 1910, Nr. 16.

Samoa.

Samoanische Zeitung 1909, Nr. 48.

Kiautschou.

Kiautschou-Post 1909, Nr. 39.

Schanghai.

Ostasiatischer Lloyd 1909 Nr. 17.

[2]) Stenographische Berichte, 6. Legislaturperiode, II. Session 1885/86, Anlageband 5 Nr. 201. — Der Sperrduck im Text rührt vom Verfasser her.

sachen und Angelegenheiten der freiwilligen Gerichtsbarkeit das Hanseatische Oberlandesgericht oder ein deutsches Konsulargericht zu bestellen" [1]).

Und der Landesrat von Deutsch-Südwestafrika hat in der Sitzung vom 3. Mai 1910 debattelos die bereits erwähnte, eingehend begründete „Erklärung" zur Kenntnis genommen, welche mit den Worten anhebt:

„Der Landesrat begrüßt die Errichtung eines Kolonial- und Konsular-Gerichtshofes in der Heimat als 3. Instanz in Rechtsprechungen des Schutzgebietes mit Freuden, kann sich aber mit der Verlegung desselben nach Berlin nicht einverstanden erklären, sondern bittet, die Freie und Hansestadt Hamburg als Sitz dieses Gerichtes zu bestimmen."

Die Außerachtlassung dieser übereinstimmenden Kundgebungen der amtlichen und privaten Öffentlichkeit würde ein neues bedenkliches Zeichen des Vorhandenseins unsachlicher und ungesunder Aufsaugungsbestrebungen sein, die das gefährden, was immer noch Eigentümlichkeit und Vorzug deutschen Staats- und Geisteslebens war: die Verteilung der kulturellen und staatlichen Güter über das ganze Land. Auch der Reichsgedanke verlangt den Fortbestand einer Vielheit gleichberechtigter deutscher Lebenszentren.

---

[1]) Die entsprechenden Vorschläge der Kommission wurden vom Plenum ohne Diskussion unverändert angenommen und vom Bundesrat sanktioniert: § 3 Ziff. 4 des Schutzgebietsgesetzes vom 17. April 1886. In der Novelle vom 15. März 1888 sind sie lediglich deshalb verschwunden, weil die Anrufung eines im deutschen Reichsgebiet domizilierten Gerichtshofes im Hinblick auf Kosten und Zeitversäumnis grundsätzlich ausgeschaltet werden sollte. Angesichts des vorliegenden Entwurfs erhalten die Erwägungen von 1886 wieder ihre volle Kraft und Bedeutung.

Anhang.

Entwurf eines Gesetzes über die Errichtung eines Kolonial- und Konsulargerichtshofs

(Verhandlungen des Reichstags, XII. Legislaturperiode, II. Session 1909/10, Aktenstück Nr. 400).

Wir Wilhelm, von Gottes Gnaden Deutscher Kaiser, König von Preußen ꝛc. verordnen im Namen des Reichs nach erfolgter Zustimmung des Bundesrats und des Reichstags, was folgt:

Erster Abschnitt.

Verfassung.

§ 1. Für Sachen der Kolonial- und der Konsulargerichtsbarkeit wird ein oberster Gerichtshof errichtet, der den Namen „Kolonial- und Konsulargerichtshof" führt.

§ 2. Der Kolonial- und Konsulargerichtshof hat seinen Sitz in Berlin. Er besteht aus einem Präsidenten und mindestens neun anderen Mitgliedern.

§ 3. Die Mitglieder des Gerichtshofs werden auf Vorschlag des Bundesrats vom Kaiser ernannt.

§ 4. Zum Mitglied des Gerichtshofs kann nur ernannt werden, wer die Befähigung zum Richteramt in einem Bundesstaat erlangt und das fünfunddreißigste Lebensjahr vollendet hat.

§ 5. Die Mitglieder werden, falls sie nicht gleichzeitig ein sonstiges Amt im Reiche oder in einem Bundesstaate bekleiden, auf Lebenszeit, andernfalls auf die Dauer des von ihnen sonst bekleideten Amtes ernannt.

Die Mehrzahl der Mitglieder, darunter der Präsident, muß auf Lebenszeit ernannt sein oder einem Oberlandesgericht oder einem Gerichte höherer Ordnung angehören.

§ 6. Die Vorschriften des Reichsbeamtengesetzes (Reichs-Gesetzbl. 1907 S. 245) über die Disziplinarbestrafung finden auf die Mitglieder des Gerichtshofs keine Anwendung.

Die Enthebung eines Mitglieds vom Amte kann nur unter denselben Voraussetzungen wie bei den Mitgliedern des Reichsgerichts stattfinden. Auf das Verfahren finden die Vorschriften der §§ 128 bis 131 des Gerichtsverfassungsgesetzes entsprechende Anwendung.

Für die Versetzung der auf Lebenszeit ernannten Mitglieder in den Ruhestand gelten die für die Mitglieder des Reichsgerichts bestehenden Vorschriften.

§ 7. Der Gerichtshof entscheidet in der Besetzung von fünf Mitgliedern mit Einschluß des Vorsitzenden.

Bei jeder Entscheidung müssen mindestens drei Mitglieder mitwirken, die auf Lebenszeit ernannt sind oder einem Oberlandesgericht oder einem Gerichte höherer Ordnung angehören.

§ 8. Der Geschäftsgang des Gerichtshofs wird durch eine Geschäftsordnung geregelt, die dieser auszuarbeiten und dem Bundesrate zur Bestätigung vorzulegen hat.

§ 9. Bei dem Gerichtshof soll eine Staatsanwaltschaft bestehen. Die das Amt der Staatsanwaltschaft ausübenden Beamten müssen zum Richteramt in einem Bundesstaate befähigt sein. Sie werden auf Vorschlag des Bundesrats vom Kaiser ernannt. Im übrigen finden auf diese Beamten die für die Beamten der Staatsanwaltschaft bei dem Reichsgerichte geltenden Vorschriften entsprechende Anwendung.

§ 10. Bei dem Gerichtshof wird eine Gerichtsschreiberei eingerichtet. Die Geschäftseinrichtung wird durch den Reichskanzler bestimmt.

§ 11. Zur Ausübung der Rechtsanwaltschaft bei dem Gerichtshof sind die bei einem deutschen Gerichte zugelassenen Rechtsanwälte berechtigt, die bei den Gerichten in den Konsulargerichtsbezirken oder in den Schutzgebieten zugelassenen jedoch nur insoweit, als sie die Befähigung zum Richteramt in einem Bundesstaat erlangt haben.

Zweiter Abschnitt.

Zuständigkeit.

§ 12. Dem Kolonial- und Konsulargerichtshofe wird die nach dem Gesetz über die Konsulargerichtsbarkeit vom 7. April 1900 (Reichs-Gesetzbl. S. 213) begründete Zuständigkeit des Reichsgerichts übertragen.

Die Zuständigkeit des Reichsgerichts im Falle des § 55 des Gesetzes über die Konsulargerichtsbarkeit wird hierdurch nicht berührt.

§ 13. Die nach dem Schutzgebietsgesetze (Reichs-Gesetzbl. 1900 S. 813) begründete Zuständigkeit des Reichsgerichts kann dem Kolonial- und Konsulargerichtshofe durch Kaiserliche Verordnung für bestimmte Schutzgebiete und in bestimmtem Umfang übertragen werden.

§ 14. Durch Kaiserliche Verordnung können für bestimmte Schutzgebiete und in bestimmtem Umfang die Rechtsmittel

1. der Revision gegen die in der Berufungsinstanz erlassenen Urteile eines gemäß § 6 Nr. 6 des Schutzgebietsgesetzes in einem Schutzgebiet eingesetzten Gerichtshofs,
2. der weiteren Beschwerde gegen die von einem solchen Gerichtshof in der Beschwerdeinstanz erlassenen Entscheidungen

mit der Wirkung eingeführt werden, daß für die Verhandlung und Entscheidung über diese Rechtsmittel der Kolonial- und Konsulargerichtshof zuständig ist.

§ 15. Soweit auf Grund des § 14 die Revision eingeführt wird, muß sie zugelassen werden:

1. in bürgerlichen Rechtsstreitigkeiten über nicht vermögensrechtliche Ansprüche sowie über solche vermögensrechtliche Ansprüche, bei denen der Wert des Beschwerdegegenstandes den Betrag von 5000 Mark übersteigt;
2. in Strafsachen, in denen das Gericht erster Instanz gemäß § 7 der Verordnung vom 9. November 1900 (Reichs-Gesetzbl. S. 1005) in Verbindung mit § 6 Nr. 4 des Schutzgebietsgesetzes (Reichs-Gesetzbl. 1900 S. 813) an Stelle des Schwurgerichts zuständig war.

§ 16. Hat nach den im § 19 des Gesetzes über die Konsulargerichtsbarkeit erwähnten Vorschriften die Bestimmung des zuständigen Gerichts durch das gemeinschaftliche obere Gericht zu erfolgen, so steht die Entscheidung dem Kolonial- und Konsulargerichtshofe zu, wenn die beteiligten Gerichte ihren Sitz in verschiedenen Schutzgebieten oder in einem Schutzgebiet und in einem Konsulargerichtsbezirke haben.

Die im Abs. 1 bezeichnete Entscheidung steht dem Reichsgerichte zu, wenn die beteiligten Gerichte ihren Sitz teils im Reichsgebiete, teils in einem Schutzgebiet oder in einem Konsulargerichtsbezirke haben.

Dritter Abschnitt.

Verfahren.

§ 17. Auf das Verfahren vor dem Kolonial- und Konsulargerichtshofe finden die für das Verfahren in der Rechtsmittelinstanz geltenden Vorschriften der im § 19 des Gesetzes über die Konsulargerichtsbarkeit erwähnten Gesetze mit den in den §§ 18, 19 bestimmten Maßgaben entsprechende Anwendung.

§ 18. In den Fällen der §§ 12, 13 finden die für das Verfahren vor dem Reichsgerichte maßgebenden besonderen Vorschriften des Gesetzes über die Konsulargerichtsbarkeit Anwendung.

§ 19. In den Fällen des § 14 gelten folgende besondere Vorschriften:

1. In bürgerlichen Rechtsstreitigkeiten findet in Ansehung der Rechtsnormen, auf deren Verletzung die Revision gestützt werden kann, die im § 549 Abs. 1 der Zivilprozeßordnung bestimmte Beschränkung keine Anwendung. Die Vorschriften, nach denen sonst eine Gesetzesverletzung, auf der das Urteil beruht, die Revision nicht oder nur unter weiteren Voraussetzungen begründet, finden nur insoweit Anwendung, als dies durch Kaiserliche Verordnung bestimmt wird. Die Revisionsschrift und die Revisionsbegründung sind bei dem Berufungsgericht einzureichen und der Gegenpartei von Amts wegen zuzustellen; nach dem Ablauf der Begründungsfrist sind die Prozeßakten mit den Nachweisen der Zustellung dem Kolonial- und Konsulargerichtshofe zu übersenden.
2. In Strafsachen findet die im § 380 der Strafprozeßordnung bestimmte Beschränkung der Revision keine Anwendung. In den Fällen des § 394 Abs. 2 kann die Zurückverweisung außer an das Gericht, dessen Urteil aufgehoben ist, an ein anderes Gericht eines Schutzgebiets erfolgen.
3. Für die Form und die Fristen, in denen die Revision einzulegen und zu begründen ist, können unbeschadet der Vorschriften in Nr. 1 Satz 3 durch Kaiserliche Verordnung besondere Bestimmungen getroffen werden.

Vierter Abschnitt.

Kosten.

§ 20. Auf die Kosten in dem Verfahren vor dem Kolonial- und Konsulargerichtshofe finden die für die Kosten in dem Verfahren vor dem Reichsgerichte geltenden Vorschriften mit der Maßgabe entsprechende Anwendung, daß die Gerichtsgebühren in doppeltem Betrag erhoben werden.

Fünfter Abschnitt.

Schlußbestimmungen.

§ 21. Dieses Gesetz tritt an einem durch Kaiserliche Verordnung festzusetzenden Tage in Kraft.

§ 22. Die Vorschriften des § 12 finden keine Anwendung auf Berufungen und Beschwerden, die vor dem Inkrafttreten des Gesetzes eingelegt worden sind.

Die Bestimmungen einer auf Grund des § 13 erlassenen Kaiserlichen Verordnung finden keine Anwendung auf Berufungen und Beschwerden, die vor dem Inkrafttreten dieser Verordnung eingelegt worden sind.

§ 23. Der Reichskanzler hat die zur Ausführung dieses Gesetzes erforderlichen Anordnungen zu erlassen.

Urkundlich unter Unserer Höchsteigenhändigen Unterschrift und beigedrucktem Kaiserlichen Insiegel.

Gegeben

MIX
Papier | Fördert gute Waldnutzung
FSC® C083411

Zeitfracht Medien GmbH
Ferdinand-Jühlke-Straße 7
99095 Erfurt, Deutschland
produktsicherheit@kolibri360.de